Sitzungsberichte
der Heidelberger Akademie der Wissenschaften
Stiftung Heinrich Lanz
Mathematisch-naturwissenschaftliche Klasse
Abteilung A
Jahrgang 1923. 2. Abhandlung.

Die Lie'sche Cyklide und die Inversionskrümmung.

Von

Heinrich Liebmann
in Heidelberg.

Eingegangen am 3. November 1922.

Berlin und Leipzig 1923
Walter de Gruyter & Co.
vormals G. J. Göschen'sche Verlagshandlung / J. Guttentag, Verlagsbuchhandlung / Georg Reimer / Karl J. Trübner / Veit & Comp.

Die Lie'sche Cyklide und die Inversionskrümmung.

Als Geleitwort ist den folgenden Darlegungen eine Bemerkung von LIE (1882) voranzuschicken[1]:

„Laß mich jedoch ausdrücklich auf diejenige DUPINsche Cyklide aufmerksam machen, die einem jeden Punkte einer Fläche in unzweideutiger Weise zugeordnet ist, ob sie gleich in zwei Weisen durch Krümmungslinien definiert ist."

Sie ist ein Gegenstück zu der vielbesprochenen LIEschen F_2 und ist mit den Krümmungslinien verknüpft, wie die F_2 mit den Haupttangentenkurven, kann aus ihr durch die Geraden-Kugel-Transformation gewonnen werden.

Indessen wurde in § 1 eine unmittelbare Methode bevorzugt. Es wird in Nr. 1 gezeigt, daß drei unendlich benachbarte Kugeln in Ebenen übergeführt werden können durch Inversion, Nr. 2 gibt die Anwendung auf Krümmungskugeln, und dadurch ist in Nr. 3 die normierte Behandlung des Problems, wo die Cyklide zum Drehkegel wird, leicht erreichbar; Nr. 4 gibt ein einfaches Beispiel.

In § 2 wird, von der konformen Gruppe der Kreise der Ebene (Nr. 1) und ihrer Erweiterung (Nr. 2) ausgehend, die wichtige „Inversionskrümmung" (Formel 8 und 9) bestimmt und dieser an einer Kreisschar der Ebene gewonnene Begriff auf Kugelscharen übertragen (Nr. 3).

§ 3 führt dann zum Begriff der Inversionskrümmung oder Konformkrümmung für Flächen. Es werden zwei Invarianten J_1 und J_2 bestimmt (Gleichung 10 und 11), deren Summe gleich 1 ist (Nr. 1). In Nr. 2 folgen Beispiele (TORSEN, Minimalflächen) und in Nr. 3 wird eine Reihe Aufgaben genannt, auch die Konstruktion der LIEschen Cyklide in einem besonderen Fall bei der Schraubenfläche durchgeführt.

Die wichtigste Literatur über Anwendung der Inversion auf die Flächentheorie umfaßt die Arbeiten:

A. TRESSE, Sur les invariants différentiels des groupes continus de transformations. Acta math. 18 (1894), 1–88.

G. FUBINI, Sulla teoria degli spazii che ammettono un gruppo conforme. Torino Atti 38 (1903), 404–418.

---

[1]) Siehe LIE, Gesammelte Abhandlungen III (1922), 541.

G. FUBINI, Sulla teoria delle ipersfere e dei gruppi conformi in una metrica qualunque. Lomb. Ist. Rend. (2), 38 (1905), 178–192.

P. CALAPSO, Sugl' invarianti del gruppo delle trasformazioni conforme dello spazio. Palermo Rend. 22 (1906), 197–213.

R. ROTHE, Über die Inversion einer Fläche und die konforme Abbildung zweier Flächen aufeinander mit Erhaltung der Krümmungslinien. Math. Ann. 71 (1912), 57–77.

A. VOSS, Zur Theorie der reziproken Radien. München, Sitzungsberichte 1920, 229–259.

§ 1. Die Lie'sche Cyklide.

1. Gegeben sei eine Kugelschar; die Koordinaten a, b, c der Achse, das heißt des Ortes der Mittelpunkte und der Radius r seien analytische Funktionen eines Parameters t. An einer regulären Stelle, wo die Achse keine Singularität besitzt und der Radius r_0 von Null verschieden ist, kann also die Kugelschar so dargestellt werden:

$$(1) \qquad x^2+y^2+z^2-r_0^2-2t(x-x_0)-b_1 t^2(y-y_0)+\cdots=0,$$

wobei die Glieder von der dritten Ordnung an fortgelassen sind. Differenziert man diese Gleichung erst einmal, dann nochmals nach t und setzt $t=0$, so kommt

$$(2) \qquad x=x_0,\ y=y_0,\ z=\pm\sqrt{r_0^2-x_0^2-y_0^2}=\pm z_0$$

und man kann in leichtverständlicher Ausdrucksweise sagen: In den beiden durch (2) gegebenen Punkten haben die Kugel $t=0$ und zwei unendlich benachbarte die Potenz Null, sie schneiden einander daselbst.

Wir führen dann eine Inversion aus mit dem Mittelpunkt $x_0\ y_0\ z_0$ und dem Radius r_0, d. h. wir transformieren (1) vermöge

$$\xi':\eta':\zeta'=\xi:\eta:\zeta,$$
$$(\xi'^2+\eta'^2+\zeta'^2)(\xi^2+\eta^2+\zeta^2)=r_0^4,$$

wobei zu setzen ist

$$\xi=x-x_0,\ \eta=y-y_0,\ \zeta=z-z_0,$$
$$\xi'=x'-x_0,\ \eta'=y-y_0,\ \zeta'=z'-z_0.$$

Dabei ist für die Kugelgleichung

$$K(x,y,z)\equiv x^2+y^2+z^2-2ax-2by-2cz+p=0$$

zunächst zu schreiben

$$\xi^2+\eta^2+\zeta^2-2\xi(a-x_0)-2\eta(b-y_0)-2\zeta(c-z_0)+K(x_0,y_0,z_0)=0$$

und nach Ausführung der Transformation kommt

$$r_0^2-2(x'-x_0)(a-x_0)-2(y'-y_0)(b-y_0)-2(z'-z_0)(c-z_0)$$
$$+\frac{K(x_0\,y_0\,z_0)}{r_0^2}\left((x'-x_0)^2+(y'-y_0)^2+(z'-z_0)^2\right)=0.$$

Anwendung auf (1) ergibt wegen

$$a=t, \quad b=b_1\frac{t^2}{2}+\ldots \qquad c=t^3(\ )+\ldots$$

$$(1') \qquad \begin{aligned} &r_0^2+2x_0(x'-x_0)+2y_0(y'-y_0)+2z_0(c-z_0)\\ &-2t(x'-x_0)-b_1t^2(y'-y_0)+t^3\{\ \ \}=0. \end{aligned}$$

In der geschweiften Klammer steht das Glied $x^2+y^2+z^2$, und die drei unendlich benachbarten Kugeln sind in drei unendlich benachbarte Ebenen übergegangen, das heißt, man kann (1') auch schreiben:

$$E_0(x,y,z)+tE_1(x,y,z)+t^2\,E_2(x,y,z)+t^3\,(k(x^2+y^2+z^2)+\ldots=0.$$

Die reciproken Radien dieser Kugelschar lassen sich nach Potenzen von t entwickeln und zwar beginnt die Entwicklung von $1:r$ mit der dritten Potenz von t, und die drei Ebenen

$$E_0=0,\ E_1=0,\ E_2=0$$

sind sicher eigentliche Ebenen. Zweifel könnten nur bei der ersten entstehen; indessen kann der Fall, daß E_0 sich auf ein konstantes Glied reduziert, nicht eintreten, denn x_0, y_0, z_0 können wegen $r_0\neq 0$ nicht alle drei gleichzeitig Null sein.

2. Diese Überführung dreier unendlich benachbarter Kugeln in drei unendlich benachbarte Ebenen soll jetzt auf die Krümmungskugeln angewendet werden, was voraussetzt, daß die Fläche in der Umgebung des Punktes regulär ist und keinen Nabelpunkt besitzt.

Durch geeignete Wahl des Koordinatensystems wird bei geeigneter Anwendung einer Inversion, die eine Krümmungskugel in eine Ebene verwandelt, die folgende Gleichungsform erreicht:

$$(3) \qquad \begin{aligned} z&=a_1\frac{x^2}{2}+\frac{1}{3!}(b_1x^3+3b_2x^2y+3b_3xy^2+b_4y^3)\\ &+\frac{1}{4!}(c_1x^4+4c_2x^3y+6c_3x^2y^2+4c_4xy^3+c_5y^4)+\ldots\\ &=a_1\frac{x^2}{2}+f_3(x,y)+f_4(x,y) \end{aligned}$$

und die Radien der Krümmungskugeln im Ursprung sind jetzt gegeben durch

$$\frac{1}{R_1}=a_1(\neq 0),\quad \frac{1}{R_2}=0.$$

Für die Differentialquotienten folgt die Tabelle

$$\begin{aligned} p&=a_1x+\frac{\delta f_3}{\delta x}+\frac{\delta f_4}{\delta x},\\ q&=\frac{\delta f_3}{\delta y}+\frac{\delta f_4}{\delta y},\\ r&=a_1+\frac{\delta^2 f_3}{\delta x^2}+\frac{\delta^2 f_4}{\delta x^2}, \end{aligned}$$

$$s=\frac{\delta^2 f_3}{\delta x\,\delta y}+\frac{\delta^2 f_4}{\delta x\,\delta y},$$
$$t=\frac{\delta^2 f_3}{\delta y^2}+\frac{\delta^2 f_4}{\delta y^2}.$$

Sodann sind die Krümmungslinien zu bestimmen aus der Differentialgleichung

$$dx^2(s(1+p^2)-rpq)+dx\,dy(1(1+p^2)-r(1+q^2))$$
$$+dy^2(tpq-s(1+q^2))=0.$$

Man erhält bei voller Berücksichtigung der für die weitere Entwicklung gebrauchten Glieder

$$dx^2(b_2x+b_3y)+dx\,dy(-a_1+(b_3-b_1)x+(b_1-b_2)y)$$
$$-dy^2(b_2x+b_3y)=0.$$

Für die erste Krümmungslinie (k_1) machen wir den Ansatz

$$y=\frac{a}{2}x^2+\ldots$$

und erhalten leicht

$$b_2-a a_1=0,$$

also

$$(k_1)\quad y=\frac{b_2}{2a_1}x^2+\ldots$$

und ebenso

$$(k_2)\quad x=-\frac{b_3}{2a_1}y^2+\ldots$$

Um dann die Radien der Krümmungskugeln in ihrem weiteren Verlaufe — und zwar R_2 längs k_1, R_1 längs k_2 — zu verfolgen, dient die Formel

$$\frac{1}{R}=\frac{r\,dx^2+2s\,dx\,dy+t\,dy^2}{\sqrt{1+p^2+q^2}\,((1+p^2)dx^2+2pq\,dx\,dy+(1+q^2)dy^2)}$$

für die Krümmungsradien der Normalschnitte.

Wir brauchen die Richtung

$$x'_2=\frac{dx}{dy}$$

der zweiten Krümmungslinie längs der ersten und haben daraus dann zu berechnen

$$\frac{1}{R_2}=a_1(x'_2)^2+2b_2x\cdot x'_2+b_3x+b_4\left(\frac{b_2}{2a_1}x^2\right)+\frac{c_3}{2}x^2.$$

Wie wir aus Nr. 1 wissen, kann erreicht werden, daß $1:R_2$ mit dem Gliede dritter Ordnung beginnt, und es handelt sich darum, den Einfluß dieser Forderung auf die Koeffizienten zu bestimmen. Zunächst führt

$$\left(\frac{1}{R_2}\right)'=c$$

auf
$$b_3=0.$$

Sodann ist x_2' zu berechnen aus der Differentialgleichung der Krümmungslinien, und zwar genügt das lineare Glied. Man erhält

$$x_2'(-a_1-b_1x)-b_2x-\frac{c_2}{2}x^2=0,$$

also

$$x'_2=-\frac{b_2}{a_1}x+\ldots$$

und hieraus

$$\frac{1}{R_2}=x^2\left(-\frac{b_2{}^2}{a_1}+\frac{b_4b_2}{2a_1}+\frac{c_3}{2}\right)$$

Damit ist das Ergebnis gefunden: **Durch Inversion kann die Fläche (3) so normiert werden, daß die beiden Bedingungen**

(4) $$b_3=0,\quad c_3=\frac{2b_2{}^2-b_2b_4}{a_1}$$

erfüllt sind. Die Krümmungskugel K_2 im Ursprung und die beiden unendlich benachbarten Krümmungskugeln K_2, die zu den Punkten der Krümmungslinie k_1 gehören, sind dann Ebenen.

3. Wir haben jetzt den Einfluß dieser Normierung auf die Krümmungskugel K_1 im Ursprung und die beiden unendlich benachbarten K_1, die zu den Nachbarpunkten von k_2 gehören, festzustellen.

Zuvor aber wollen wir die soeben berechneten K_2 darstellen. Sie sind, wie wir wissen, drei unendlich benachbarte Ebenen, nämlich Tangentialebenen

$$\zeta-z-p(\xi-x)-q(\eta-y)=0$$

längs der ersten Krümmungslinie

$$z=a_1\frac{x^2}{2}+\ldots\qquad p=a_1x+b_1\frac{x^2}{2}+\ldots\qquad q=b_2\frac{x^2}{2}+\ldots,$$

also gegeben durch die den Parameter x enthaltende Gleichung:

$$\zeta-x(a_1\xi)-\frac{x^2}{2}(b_1\xi+b_2\eta-a_1)\ldots\ =0.$$

Diese drei Tangentialebenen berühren also einen durch sie bestimmten Drehkegel (D) mit der Spitze

$$\zeta=0,\ \xi=0,\quad \eta=\frac{a_1}{b_2},$$

der selbstverständlich, wenn b_2 gleich Null ist, in einen ebenfalls wohl bestimmten Drehzylinder ausartet.

Wir gehen jetzt zur eigentlichen Aufgabe über, der Bestimmung der K_1 längs k_2, wie in kurzer Ausdruckweise gesagt werden darf, und zwar berechnen wir R_1 als Funktion von y.

Die erste Krümmungskugel im Ursprung hat die Gleichung

$$x^2+y^2+z^2-\frac{2z}{a_1}=0$$

oder

$$z=\frac{a_1}{2}(x^2+y^2)+\frac{a_1^3}{8}(x^2+y^2)^2+\ldots,$$

also sind die Tangentialebenen gegeben durch

$$\zeta-a_1\frac{x^2}{2}-a_1x(\xi-x)-a_1y(\eta-y)+\ldots\quad=0.$$

Setzt man hierin

$$y=\frac{b_2}{2a_1}x^2\ldots$$

so folgt

$$\zeta-x(a_1\xi)+\frac{x^2}{2}(a_1-b_2\eta)+\ldots\quad=0.$$

Diese Gleichung dient also zur Darstellung von drei unendlich benachbarten Ebenen, welche die K_1 des Ursprungs berühren. Die Spitze des Drehkegels, den sie berühren, ist

$$\zeta=\xi=0,\quad \eta=\frac{a_1}{b_2},$$

seine Spur auf der Ebene $\xi=0$ oskuliert, genau wie die Spur von (D) die Hüllkurve der Geraden

$$\zeta+\frac{x^2}{2}(a_1-b_2\eta)=0.$$

Hieraus folgt: D e r d u r c h d i e d r e i u n e n d l i c h b e n a c h b a r t e n z u E b e n e n a u s g e a r t e t e n K_2 e r z e u g t e D r e h k e g e l b e r ü h r t d i e K_1 d e s U r s p r u n g s. —

Wir gehen jetzt zu den „K_1 längs k_2" über, haben demgemäß R_1 zu berechnen mit Verwendung von

$$y'_1=\frac{dy}{dx}.$$

Für diesen Wert, also die Richtung der Krümmungslinie k_1 für Punkte, die auf k_2 liegen, finden wir entsprechend dem früheren Ansatz

$$c_4\frac{y^2}{2}+y'(b_4y-a_1-b_2y)+\ldots=0,$$

oder

$$y'_1=\frac{c_4}{2a_1}y^2,$$

daher

$$\frac{1}{R_1}=a_1+b_2y+\frac{c_3}{2}y^2+\ldots$$

und hieraus mit Berücksichtigung von (4)

$$R_1=\frac{1}{a_1}\left(1-y\frac{b_2}{a_1}+y^2\frac{b_2b_4}{2a_1^2}\ldots\right).$$

Zur Bestimmung der Achse (ξ_2, η_2, ζ_2) der Kanalfläche, welche die K_1 längs k_2 erzeugen, dienen dann die Gleichungen

$$\xi_2 = x_2 - \frac{p R_1}{\sqrt{1+p^2+q^2}}, \quad \eta_2 = y_2 - \frac{q R_1}{\sqrt{1+p^2+q^2}}, \quad \zeta_2 = z_1 + \frac{R_1}{\sqrt{1+p^2+q^2}}$$

und man erhält Größen der Ordnung $y^2{}_2$ mit eingeschlossen:

$$\xi_2 = 0, \quad \eta_2 = y_2 - \frac{h_4}{2a_1} y^2{}_2, \quad \zeta_2 = R_1$$

$$R_1 = \frac{1}{a_1}\left(1 - \frac{b_2}{a_1}(\eta_2 + \frac{b_4}{2a_1}\eta_2{}^2) + \eta_2{}^2 \frac{b^2 b_4}{2a_1{}^2}\right)$$

$$= \frac{1}{a_1}\left\{1 - \frac{b_2}{a_1}\eta_2 + 0 \cdot \eta_2{}^2 + \ldots\right\}.$$

R_1 ist also, wenn man von Größen dritter Ordnung absieht, eine lineare Funktion von η_2, die gerade in der Spitze des Drehkegels D zu Null wird.

Hieraus folgt: Der durch die drei unendlich benachbarten K_2 oben (in Nr. 2) bestimmte Drehkegel wird auch von den drei unendlich benachbarten K_1 längs k_2 berührt.

Geht man durch Aufhebung der Inversion wieder zum allgemeinen Fall ($1 : R_2 \neq 0$) über und bedenkt, daß dadurch der Drehkegel D sich in eine DUPINsche Cyklide verwandelt, so erhält man den Satz:

Die beiden Tripel von Krümmungskugeln K_1 und K_2, die so gewählt sind, daß die K_1 zum Flächenpunkt 0 und seinen beiden Nachbarpunkten auf der Krümmungslinie k_2 gehören, entsprechend die K_2 zu 0 und den beiden Nachbarpunkten auf k_1, berühren dieselbe DUPINsche Cyklide.

Sie möge die LIEsche Cyklide des Flächenpunktes genannt werden.

4. Als einfaches Beispiel für die Bedingungen (4) möge hier noch die Reihenentwicklung für die z-Koordinate des Drehkegels mitgeteilt werden, der zur Spitze den Punkt

$$x = 0, \quad y = y_0, \quad z = 0$$

hat, und der die Kugel

$$x^2 + y^2 + z^2 - 2kz = 0$$

berührt. Man erhält zuerst

$$z^2(y_0{}^2 - k^2) - 2ky_0{}^2 z + y_0{}^2 x^2 + 2ky_0 yz = 0$$

und findet die Entwicklung

$$z = \frac{x^2}{2k} + \frac{yx^2}{2ky_0} + \frac{x^4}{8k^3 y_0{}^2}(y_0{}^2 - k^2) + \frac{x^2 y^2}{2ky_0{}^2} + \ldots$$

Es ist also (vgl. Formel (3))

$$a_1 = \frac{1}{k}, \quad b_2 = \frac{1}{k y_0}, \quad b_4 = 0$$

$$b_3 = 0, \quad c_3 = \frac{2}{k y_0^2} = \frac{2 b_2^2}{a_1}$$

im Einklang mit (4). Hier ist die Fläche selber identisch mit ihrer LIEschen Cyklide.

Der im Sinne von Nr. 2 normierte Fall, der Fall also, daß die LIEsche Cyklide ein Drehkegel ist, liegt auch bei den Torsen (developpabeln Flächen) vor. Zu allen Punkten einer Tangente der Rückkehrkante gehört hier dieselbe Cyklide; sie ist ein Drehkegel, dessen Spitze im Berührungspunkt mit der Rückkehrkante liegt und der in einfachster Weise aus dem GAUSSschen, mit Hilfe der Abbildung durch parallele Normalen auf die Einheitskugel gefundenen Bild erhalten werden kann. (Vgl. § 3, Nr. 2.)

§ 2. Die Inversionskrümmung einer Kanalfläche.

Es seien a, b die rechtwinkligen Koordinaten des Mittelpunktes und r der Radius eines Kreises, dann ist der Winkel $d\varphi$ zweier unendlich benachbarten Kreise gegeben durch

$$d\varphi^2 = \frac{dr^2 - da^2 - db^2}{r^2} \tag{5}$$

Um die Invarianten einer Kreisschar zu bestimmen bei allen konformen Transformationen der Ebene, die Kreise in Kreise überführen, empfiehlt sich folgendes Verfahren. Man führt durch die Abbildung

$$r = z, \quad a = ix, \quad b = iy$$

die Gruppe der Kreistransformationen über in die Gruppe des Bogenelementes

$$ds^2 = \frac{dz^2 + dx^2 + dy^2}{z^2}$$

und erhält so die sechsgliedrige konforme Gruppe mit den infinitesimalen Transformationen

$$\frac{\delta f}{\delta x}, \quad \frac{\delta f}{\delta y}, \quad -y\frac{\delta f}{\delta x} + x\frac{\delta f}{\delta y}, \quad U \equiv x\frac{\delta f}{\delta x} + y\frac{\delta f}{\delta y} + z\frac{\delta f}{\delta z}$$

$$xU - \frac{(x^2 + y^2 + z^2)}{2}\frac{\delta f}{\delta x},$$

$$yU - \frac{(x^2 + y^2 + z^2)}{2}\frac{\delta f}{\delta y}.$$

Sie ist ein Ausschnitt aus der zehngliedrigen konformen Gruppe des Raumes und umfaßt diejenigen infinitesimalen Transformationen, die die Ebene $z=0$ invariant lassen, kann auch in bekannter Weise als nichteuklidische Bewegungsgruppe gedeutet werden.

2. Diese Gruppe ist dann zu erweitern, d. h. es sind die Zuwachselemente von

$$p_1=\frac{dx}{dz},\quad q_1=\frac{dy}{dz},\quad p_2=\frac{d^2x}{dz^2},\quad q_2=\frac{d^2y}{dz^2}$$

zu berechnen. Die Gruppe ist sechsgliedrig, man erhält daher (mindestens) eine aus den 7 Elementen $x\ y\ z\ p_1\ q_1\ p_2\ q_2$ aufgebaute Invariante. Es gibt in der Tat nur eine, nämlich die (nichteuklidische) Kurvenkrümmung.

Bezeichnet man die Zuwachselemente von x, y und z mit X, Y, Z und die vollständige Differentiation nach z, also

$$\frac{\delta f}{\delta z}+\frac{\delta f}{\delta x}p_1+\frac{\delta f}{\delta y}p_2+\frac{\delta f}{\delta p_1}p_2+\frac{\delta f}{\delta q_1}q_2$$

mit $\frac{df}{dz}$, so berechnen sich die Zuwachselemente der erweiterten Gruppe aus

$$P_1=\frac{dX}{dz}-p_1\frac{dZ}{dz},\quad Q_1=\frac{dY}{dz}-q_1\frac{dZ}{dz},$$
$$P_2=\frac{dP_1}{dz}-p_2\frac{dZ}{dz},\quad Q_2=\frac{dQ_1}{dz}-q_3\frac{dZ}{dz}.$$

Sie sind Null für die erste und zweite Gruppe,

$-q_1,\ +p_1;\ -q_2,\ +p_2$ für die dritte Gruppe,
$0,\quad 0,\ -p_2,\ -q_2$ für die vierte Gruppe.

Bei der fünften Gruppe kommt

$$\begin{aligned}P_1&=-z(1+p_1^2)-yq_1,\\ Q_1&=\ p_1(y-q_1z),\\ P_2&=-3zp_1p_2-xp_2-yq_2-1-p_1^2-q_1^2,\\ Q_2&=-z(2p_1q_2+p_2q_1)+p_2y-q_2x,\end{aligned}$$

und bei der sechsten

$$\begin{aligned}P_1&=\ q_1(x-p_1z),\\ Q_1&=-z(1+q_1^2)-xp_1,\\ P_2&=-z(p_1q_2+2p_2q_1)+q_2x-p_2y,\\ Q_2&=-3zq_1q_2-xp_2-yq_2-1-p_1^2-q_1^2.\end{aligned}$$

Man tut gut, auch die Berechnung für die sechste Gruppe wirklich durchzuführen, die zutage tretende Verwandtschaft mit der fünften — einfach Buchstabenvertauschung — ist dann zugleich Probe.

Sodann ist das vollständige System zu integrieren, gebildet aus den sechs Gleichungen

$$X\frac{\delta f}{\delta x}+Y\frac{\delta f}{\delta y}+Z\frac{\delta f}{\delta z}+P_1\frac{\delta f}{\delta p_1}+Q_1\frac{\delta f}{\delta q_1}+P_2\frac{\delta f}{\delta p_2}+Q_2\frac{\delta f}{\delta q_2}=0.$$

Das Ergebnis ist die Invariante

$$f = u^{-3}(v+u)^2 - w u^{-2},$$

bei Gebrauch der Abkürzungen

$$u = 1 + p_1^2 + q_1^2, \quad v = z(p_1 p_2 + q_1 q_2), \quad w = z^2(p_2^2 + q_2^2).$$

Für die konforme Kreisgruppe der Ebene folgt hieraus die Invariante

$$J = U^{-3}(V+U)^2 - W U^{-2} \tag{6}$$

bei Gebrauch der Abkürzungen

$$\begin{aligned} U &= 1 - a_1^2 - b_1^2, \\ V &= -r(a_1 a_2 + b_1 b_2), \\ W &= -r^2(a_2^2 + b_2^2). \end{aligned} \tag{7}$$

Diese Bezeichnungen deuten an, daß eine Kreisschar betrachtet wird

$$a = a(r), \quad b = b(r),$$

die Fußmarken 1 und 2 bedeuten einmalige und zweimalige Differentiation nach r.

Setzt man, um die Allgemeinheit der Form zu verbürgen, also auch den Fall, daß r konstant ist, mit einzubeziehen, statt dessen r, a und b als Funktionen eines Parameters t an und bedient sich der Abkürzungen

$$\begin{aligned} A_{11} &= (a')^2 + (b')^2 \\ A_{12} &= a'a'' + b'b'' \\ A_{22} &= (a'')^2 + (b'')^2, \end{aligned}$$

so kommt

$$J = \frac{r^2\left\{A_{12}^2 - A_{11}A_{22} + A_{11}(r'')^2 - 2A_{12}r'r'' + A_{22}(r')^2\right\}}{((r')^2 - A_{11})^3} + 2r\frac{(r''A_{11} - r'A_{12})}{((r')^2 - A_{11})^2} + \frac{(r')^2}{(r')^2 - A_{11}}. \tag{8}$$

Nimmt man insbesondere als Parameter t die Bogenlänge s des geometrischen Ortes der Mittelpunkte, so kommt

$$J = \frac{1}{(r')^2 - 1}\left(\left(\frac{r r''}{(r')^2 - 1} + 1\right)^2 + \frac{r^2 \varrho^{-2}}{((r')^2 - 1)^2} + 1\right), \tag{9}$$

dabei ist ϱ der Krümmungsradius dieser Kurve.

Wir wollen diese Invariante die „I n v e r s i o n s k r ü m m u n g e i n e r K r e i s s c h a r" nennen, denn es handelt sich um eine Invariante bei Kreisverwandtschaften (Inversionen), die den Charakter einer nichteuklidischen Raumkurvenkrümmung besitzt.

3. Geht man von der Ebene zum Raum über, d. h. zu einer Kugelschar

$$a = a(t), \quad b = b(t), \quad c = c(t), \quad r = r(t),$$

hierbei unter a b c die Mittelpunktskoordinaten, unter r den Kugelradius verstanden, so gelangt man zu genau derselben ersten Invariante, nur sind die Differentialquotienten von c mit einzubeziehen.

Zu bemerken ist, daß hier die sechs linearen partiellen Differentialgleichungen zur Bestimmung der aus neun Größen gebildeten Invariante führen.

Die Kugeln hüllen eine Kanalfläche ein, die Invariante ist demgemäß als Inversionskrümmung einer Kanalfläche zu bezeichnen.

Für Röhrenflächen, also Flächen mit konstantem r, erhält man

$$J = r^2 \varrho^{*2},$$

also ist die Inversionskrümmung einer Röhrenfläche gleich dem Quadrat des Produktes von Kugelradius und Achsenkrümmung.

Der Kreisring (Torus) kann durch die Kugelschar

$$(K_p) \qquad a = k\cos\varphi, \quad b = k\sin\varphi, \quad c = o, \quad r = l$$

erzeugt werden, wobei der Index p auf das Wort „Parallelkreis" hindeutet (die erzeugenden Punkte beschreiben Parallelkreise) oder „meridional" durch die Kugelschar

$$(K_m) \qquad a = b = o, \quad c = k\,sh\,t, \quad r = l + k\,ch\,t.$$

Im ersten Fall erhält man die Invariante

$$J_p = l^2 k^{-2}$$

im zweiten Fall

$$J_m = 1 - l^2 k^{-2},$$

also auch die K_m-Schar hat eine konstante Invariante, und die Summe der Invarianten ist gleich Eins. —

Sodann betrachten wir den Drehkegel mit dem halben Öffnungswinkel a als Erzeugnis der Kugelschar

$$a = b = o, \quad r = c \sin a$$

und erhalten

$$J_1 = tang^2 a.$$

Er ist auch Hüllfläche seiner Tangentialebenen, und wir können dieser ausgearteten Kugelschar auch ein J zuordnen, weil nämlich der Kegel durch Inversion aus einem Torus entsteht und J bei Inversionen invariant bleibt, so ist die Festsetzung zu treffen:

Die Ebenenschar

$$ux + vy + wz = 0,$$
$$w^2 \cos^2 a - (u^2 + v^2)\sin^2 a = 0$$

hat die Invariante

$$J_2 = 1 - J_1 = 1 : \cos^2 a;$$

J_2 kann selbstverständlich auch durch Grenzübergang gefunden werden, wenn man nämlich in J_p einsetzt

$$k = l \cos a$$

und dann k unbeschränkt wachsen läßt. —

Schließlich sei auf eine Übungsaufgabe hingewiesen, deren Durchführung als nützliche Rechnung bezeichnet werden darf: „Man verlege die beiden Kugelscharen K_p und K_m, so daß sie gegeben sind durch

(K'_p) $\quad a = q + k \cos \varphi, \quad b = k \sin \varphi, \quad c = o, \quad r = l,$

(K'_m) $\quad a = q, \quad b = o, \quad c = k sh t, \quad r = l + k ch t.$

Die allgemeinste DUPINsche Cyklide erhält man hieraus, wenn man die Inversion vom Ursprung aus die sphärische Spiegelung an der Kugel

$$x^2 + y^2 + z^2 = q^2$$

hinzufügt, wobei die a, b, c, r sich nach der Formel transformieren

$$a_1 = \frac{q^2 a}{p}, \quad b_1 = \frac{q^2 b}{p}, \quad c_1 = \frac{q^2 c}{p}, \quad r_1 = \frac{q^2 r}{p}, \quad p = a^2 + b^2 + c^2 - r^2.$$

Die Rechnung muß sicher auf die Werte führen

$$J_p = l^2 k^{-2}, \quad J_m = 1 - l^2 k^{-2}.$$

§ 3. Die Inversionskrümmung einer allgemeinen Fläche.

1. Um hieraus Folgerungen für die Flächentheorie zu ziehen, führt man als Parameterkurven die Krümmungslinien ein nach der Tafel XIX von SCHEFFERS (Differentialgeometrie II), nur mit der Abwandlung, daß für das Bogenelement geschrieben wird

$$ds^2 = e^2 du^2 + g^2 dv^2,$$

also gesetzt wird

$$E = e^2, \quad G = g^2.$$

Zu berechnen ist die Invariante

$$J = (U + V)^2 U^{-3} - W \cdot U^{-2} \tag{6}$$

und zwar einmal längs der Krümmungslinie $v = v_0$ für die Krümmungskugeln K_2, dann längs der Krümmungslinie $u = u_0$ für die Krümmungskugeln K_1.

Als Bestätigung des LIEschen Satzes muß sich dann zwischen den beiden Invarianten die Beziehung ergeben

$$J_1 + J_2 = 1.$$

Welche der beiden Invarianten dann dem J_p, welche dem J_m der LIEschenCyklide des Flächenpunktes entspricht, ist nachträglich zu entscheiden.

Die CODAZZIschen Gleichungen brauchen wir in der Form

$$\frac{e_v}{e} + \frac{R_{1v} R_2}{R_1(R_2 - R_1)}, \quad \frac{g_u}{g} = \frac{R_{2u} R_1}{R_2(R_1 - R_2)}$$

$$\frac{e_u}{e} - \frac{g_{uu}}{g_u} = \frac{eg}{2 R_1 R_2} + \lambda, \quad \frac{g_v}{g} - \frac{e_{vv}}{e_v} = \frac{eg}{2 R_1 R_2} - \lambda.$$

Für den Mittelpunkt der zweiten Krümmungskugel ist

$$x_2 = x + R_2 X$$

$$\frac{\delta x_2}{\delta u} = X \frac{\delta R_2}{\delta u} + \frac{R_1 - R_2}{R_1} x_u$$

also längs der Krümmungslinie $v = v_0$

$$\frac{\delta x_2}{\delta R_2} = X + \frac{R_1 - R_2}{R_1 R_{2u}} x_u$$

oder mit Verwendung der Abkürzung

$$\frac{R_1 - R_2}{R_1 R_{2u}} = \frac{g}{g_u R_2} = A$$

$$\frac{\delta x_2}{\delta R_2} = X + A x_u$$

also

$$U = 1 - \Sigma\left(\frac{\delta x_u}{\delta R_2}\right)^2 = 1 - (1 + e^2 A^2) = -e^2 A^2$$

Weiter folgt

$$\frac{\delta^2 x_2}{\delta R_2^2} = \frac{1}{R_{2u}}\left\{-\frac{x_u}{R_1} + x_u A_u + x_{uu} A\right\}.$$

Hier ist einzusetzen

$$A_u = \frac{1}{R_2} - \frac{g}{g_u}\frac{R_{2u}}{R_2^2} - \frac{g g_{uu}}{g_u^2 R_2} = \frac{1}{R_1} - \frac{g g_{uu}}{g_u^2 R_2},$$

so daß man erhält

$$\frac{\delta^2 x_2}{\delta R_2^2} = \frac{1}{R_{2u}}\left\{-\frac{x_u g g_{uu}}{g_u^2 R_2} + A x_{uu}\right\} = \frac{A}{R_{2u}}\left(x_{uu} - \frac{x_u g_{uu}}{g_u}\right)$$

und hieraus

$$\Sigma \frac{\delta x_2}{\delta R_2} \cdot \frac{\delta^2 x_2}{\delta R_2^2} = \frac{A}{R_{2u}}\left\{L - A e^2 \frac{g_{uu}}{g_u} + A \frac{e_u}{e}\right\},$$

also wegen

$$L = \frac{e^2}{R_1}$$

und

$$\frac{e_u}{e} - \frac{g_{uu}}{g_u} = \frac{eg}{2 R_1 R_2} + \lambda$$

$$V = -R_2 \sum \frac{\delta x_2}{\delta R_2} \frac{\delta^2 x_2}{\delta R_2^2} = -\frac{R_2 A e^2}{R_{2u}}\left\{\frac{1}{R_1} + A\left(\frac{eg}{2 R_1 R_2} + \lambda\right)\right\}$$

$$= -\frac{e^2 A^2 R_1 R_2}{R_1 - R_2}\left\{\frac{1}{R_1} + A\left(\frac{eg}{2 R_1 R_2} + \lambda\right)\right\}$$

und schließlich

$$(U+V)^2 U^{3} = -\frac{e^{-2} A^{-2}}{(R_1 - R_2)^2}\left\{R_1 + A\left(\frac{eg}{2} + \lambda R_1 R_2\right)\right\}^2.$$

Wir haben auch die weitere Rechnung nach diesen Gesichtspunkten zu gestalten: Es sollen einmal die Differentialquotienten von R_1 und R_2 nach Möglichkeit ausgeschaltet werden, außerdem aber soll durch die Beibehaltung von λ die oben aufgespaltene dritte CODAZZIsche Gleichung sozusagen in latentem Zustand eingeführt werden.

Man findet auf diesem Weg

$$-W U^{2} = \frac{e^{-2} R_1^2 R_2^2}{(R_1 - R_2)^2}\left(\frac{e^2}{R_1^2} + \frac{e_v}{e_v^2} + \left(\frac{eg}{2} + \lambda R_1 R_2\right)^2 \frac{1}{R_1^2 R_2^2}\right)$$

und schließlich

$$(10)\qquad J_1 = \frac{1}{(R_1 R_2)^2}\left\{\frac{R_1^2 R_2^2}{e^2 g^2}\left(c_v^2 - g_u^2 + 2 g g_{uu} - 2g\frac{e_u g_u}{e}\right) + R_2^2\right\}$$

Diese Größe ist also die zum Flächenpunkt gehörige Inversionsinvariante der Kanalfläche, die von den Krümmungskugeln K_2 gebildet wird, welche den Punkten der Krümmungslinie $v = v_0$ angehören, aber zu den Krümmungslinien $u = c$ gehören, also die Fläche in einer Kurve mit Spitze schneiden, wobei die Spitzentangente auf $v = v_0$ senkrecht steht.

Die entsprechende Invariante J_2 ist

$$(11)\qquad J_2 = \frac{1}{(R_1 - R_2)^2}\left\{\frac{R_1^2 R_2^2}{e^2 g^2}\left(g_u^2 - e_v^2 + 2 e e_{vv} - 2e\frac{g_v e_v}{g}\right) + R_1^2\right\}$$

Addiert man die beiden Werte, so ergibt die dritte CODAZZIsche Formel in der Tat

$$J_1 + J_2 = \frac{1}{(R_1 - R_2)^2}(R_1^2 + R_2^2 - 2 R_1 R_2) = 1$$

Die Größe

$$(12)\qquad J_1 J_2 = J_1(1 - J_1) = J_2(1 - J_2)$$

kann man füglich die **Inversionskrümmung der Fläche** nennen. Diese Form der Invariante hat den Vorzug, unabhängig zu sein von der Wahl der Krümmungslinien (u oder v) bei der Berechnung.

2. Wir lassen noch einige Beispiele folgen. Zuerst soll die Inversionskrümmung J_1 bei Torsen berechnet werden, die zu ihren nicht geradlinigen Krümmungslinien gehört.

Die Bogenlänge der Rückkehrkante (Krümmungsradius ϱ) sei mit u, die Strecke der Tangente vom Berührungspunkt bis zum Flächenpunkt mit $v - u$ bezeichnet, dann ist

$$ds^2 = \left(\frac{v-u}{\varrho}\right)^2 du^2 + dv^2,$$

$$L = \varrho(v-u)\,D.$$

Dabei ist
$$D = \begin{vmatrix} a' & a'' & a''' \\ b' & b'' & b''' \\ c' & c'' & c''' \end{vmatrix} = -\frac{1}{r\varrho^2}$$

r der Torsionsradius. Es wird dann

$$\frac{1}{R_2} = \frac{\varrho^3 D}{v-u}, \quad \frac{1}{R_1} = 0$$

$$J_1 = \frac{R_2^2}{e^2 g^2} e_v^2 = r^2 \varrho^{-2}. \tag{13}$$

Die (erste) Inversionskrümmung der Torsen (nach den nicht geraden Krümmungslinien genommen) ist also gleich dem Quadrat des Quotienten von Torsions- und Krümmungsradius.

Längs einer Erzeugenden ist J_1 konstant und selbstverständlich der J_1 des Drehkegels gleich, der von drei unendlich benachbarten Schmiegungsebenen umhüllt wird. Dieser Kegel vertritt hier die LIEsche Cyklide (vgl. die Bemerkung am Schluß von § 1).

Konstante, d. h. also für alle Flächenpunkte gleiche Inversionskrümmung besitzen also außer den DUPINschen Cykliden auch die Torsen, für deren Rückkehrkanten das Verhältnis von Krümmung und Torsion konstant ist. Ausartungen dieser Flächenklasse sind die Drehkegel. –

Unter den Flächen mit konstantem J sind die Flächenklassen

$$J_1 J_2 = 0$$

und
$$J_1 = J_2 = \tfrac{1}{2}$$

besonders hervorzuheben. Es sollen hier noch Minimalflächen $J_1 = \frac{1}{2}$ berechnet werden.

Führt man die (isothermen) Krümmungslinien ein, setzt demgemäß

$$ds^2 = w^2(u, v)\,(du^2 + dv^2)$$

und beachtet, daß hier wird

$$R_1 = c^{-1} w^2, \quad R_2 = -c^{-1} w^2,$$

so erhält man

$$J_1 = \tfrac{1}{4}\left(1 + c^{-2}(2ww_{11} + w_2^2 - 3w_1^2)\right)$$

$$J_2 = \tfrac{1}{4}\left(1 + c^{-2}(2ww_{22} + w_1^2 - 3w_2^2)\right)$$

und hieraus

$$2ww_{11} + w_2^2 - 3w_1^2 = 2ww_{22} + w_1^2 - 3w_2^2 = 2c^2. \tag{14}$$

Besonders einfache Lösungen erhält man, wenn man den Ansatz macht

$$w = w(u+v) = w(t)$$

und dadurch auf

$$ww'' - (w')^2 = c^2$$

geführt wird. Hier gibt es zwei wesentlich verschiedene Lösungen

$$w = ic(u+v)$$

und

$$w = c\,ch(u+v).$$

Die erste Lösung gibt die LIEsche imaginäre Minimalregelfläche, die zweite die Schraubenfläche

$$x = r\cos\varphi, \quad y = r\sin\varphi, \quad z = k\varphi,$$

deren Bogenelement bei Einführung von Krümmungslinien vermöge

$$r = k\,ch\,t$$

$$t = \frac{u+v}{2}, \quad \varphi = \frac{v-u}{2}$$

die vorgeschriebene Form erhält

$$ds^2 = \frac{k^2}{2}\,ch^2\left(\frac{u+v}{2}\right)(du^2 + dv^2).$$

Also haben alle Minimalregelflächen die konstante Inversionskrümmung

$$J_1 = J_2 = \tfrac{1}{2}.$$

Sie sind, wie sich durch eingehende Diskussion von (14) nachweisen läßt, die einzigen Minimalflächen dieser Klasse.

3. Eine Reihe weiterer Fragen über Inversionskrümmung taucht im Anschluß hieran von selbst auf, sie brauchen nicht alle aufgezählt zu werden. Einige seien jedoch hervorgehoben.

Wie bestimmt man die LIEsche Cyklide eines Flächenpunktes? Außer der Inversionskrümmung sind noch vier Größen zu beachten, nämlich die beiden Krümmungsradien R_1 und R_2 und dazu die halben Öffnungswinkel der Drehkegel, welche die Krümmungskugeln K_2 (bez. K_1) längs des Schnittes mit der unendlich benachbarten K_2 (K_1) die zur ersten (zweiten) Krümmungslinie durch P gehört. An diesen fünf Größen ist der Parameter J_1 (J_2) der Cyklide zu bestimmen, also nach § 2 die Größe $l^2 k^{-2}$, dann aber noch l und k selber und die in den Formeln ($K'p$, K'_m) vorkommenden q, φ und t.

Für die Punkte der Schraubenachse der Fläche

$$z = c \operatorname{arctg} \frac{y}{x}$$

kann die LIEsche Cyklide fast ohne Rechnung bestimmt werden. Die R_1 und R_2 sind hier c und $-c$, außerdem erreichen die Größen ihren kleinsten Wert in der Achse; endlich ist $J_1 = J_2 = \frac{1}{2}$ wie wir wissen.

Für solche Cykliden darf die Bezeichnung „gleichseitig" gewählt werden. Bringt man sie nämlich in Torusform, so geht durch den Mittelpunkt ein Berührungskegel, dessen Mantellinien mit der Achse den Winkel $\frac{\pi}{4}$ einschließen, wie beim Asymptotenkegel der gleichseitigen Hyperbel.

Ein solcher „gleichseitiger Ring" ist dann noch einer geeigneten Inversion zu unterwerfen. Als Berührungsstellen mit der Schraubenfläche kommen nur die vier Scheitelpunkte in Betracht, weil nur dort R_1 und R_2 beide stationär sind. Endlich müssen R_1 und R_2 dem absoluten Betrag nach gleich werden.

Die Aufgabe ist also in der folgenden Weise zu lösen als zweidimensionales Problem. In der xz-Ebene muß der Inversionspunkt 0 und der Radius q des Inversionskreises so gewählt werden, daß nach Inversion die Bilder der auf der x-Achse gelegenen Punkte

$$\begin{aligned} A)\ & x_1 = q \\ P)\ & x_2 = q + 2(k-l) q + 2l(\sqrt{2}-1) \\ B)\ & x_3 = q + 2(k-l) + 2l = q + 2l\sqrt{2} \end{aligned}$$

gleichen Abstand haben ($B'P' = P'A'$).

Dies führt auf die Gleichung

$$\frac{q^2}{q+2l\sqrt{2}} - \frac{q^2}{q+2l(\sqrt{2}-1)} = \frac{q^2}{q+2l(\sqrt{2}-1)} - q,$$

und gibt $$q = 2l.$$

Der Inversionspunkt 0 ist also auf dem (äußeren) Aquator $(x^2 + y^2 = (l+k)^2)$ des gleichseitigen Ringes zu wählen. Der dem Punkt P des inneren Ringäquators entsprechende Punkt (Scheitelpunkt) P' der entstehenden gleichseitigen Cyklide ist dann die Stelle, mit der sie der Schraubenfläche einzufügen ist; der äußere Äquator ist in eine Gerade verwandelt.

Endlich muß noch die Strecke l entsprechend gewählt werden, d. h. es muß

$$\frac{1}{2}\left(2l - \frac{2l}{1+\sqrt{2}-1}\right) = \frac{l}{\sqrt{2}}(\sqrt{2}-1) = \frac{l}{2}(2-\sqrt{2})$$

gleich c gewählt werden, oder

$$l = \frac{2c}{2-\sqrt{2}} = c(2+\sqrt{2}). -$$

Diese Aufgabe, also die Konstruktion der LIEschen Cyklide, wäre allgemein zu lösen, wobei algebraische Diskussionen zu führen sind.

Sodann sind allgemeinere Flächen mit konstantem J_1 (J_2) zu bestimmen, außer der Urform, nämlich den DUPINschen Cykliden und den geradlinigen Minimalflächen.

Für die Invariante wäre auch das Wort „Konformkrümmung" als Bezeichnung angebracht.

Wie die Flächen zweiten Grades in der Affingeometrie, so treten die DUPINschen Cykliden in der Konformgeometrie des Raumes hervor.

FSC
www.fsc.org
MIX
Papier | Fördert gute Waldnutzung
FSC® C083411

Zeitfracht Medien GmbH
Ferdinand-Jühlke-Straße 7
99095 Erfurt, Deutschland
produktsicherheit@kolibri360.de